海洋动物大探秘

海底小纵队

英国 Vampire Squid Productions 有限公司 / 著绘

海豚传媒 / 编

海底明星

长江出版传媒 长江少年儿童出版社

LET'S GO

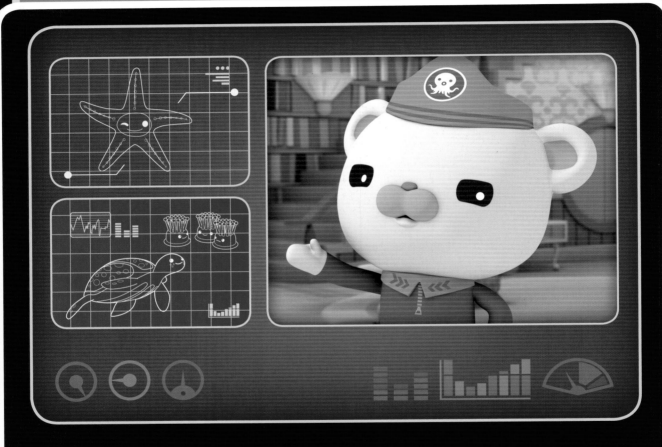

亲爱的小朋友，我是巴克队长！欢迎乘坐章鱼堡，开启美妙的探险之旅。

这次我们将要邂逅九个**海底的小明星**，你准备好了吗?

现在，一起出发吧!

目 录

EXPLORE . RESCUE . PROTECT

海底档案

名称：海星

本领：再生

分布：全球海域

食物：贝类、甲壳动物等

海底小星星
海 星

海星的身体扁平，大多有五只放射状的腕，就像五角星的五个角，所以叫海星。不过，有的海星有六只、八只，甚至更多的腕。

海星家族庞大，种类繁多，广泛分布于全世界各大洋中。不同种类的海星大小不一样，颜色也不尽相同。

巴克队长：

"你很难找到两只一模一样的海星！"

5

有些海星是伪装高手，比如海底小纵队在极地遇到的海星索尔。它会伪装成跟地面一样的颜色，除非它主动现身，不然没人能发现它。

海星虽然腕很灵活，但受其身形和运动方式所限，它们的移动速度十分缓慢。在死亡冰柱来临前，海底小纵队抓紧时间转移走了所有的海星。

海星有一种神奇的本领——海星的腕、体盘受损后，都能够自然再生，而且海星的任何一个部位都可以重新生长为一只新的海星。

悄悄告诉你

海星浑身都是"监视器"，能利用自己的身体观察周围的环境。

海星的腕下侧长有密密的管足，它用管足来捕获猎物，或者攀附礁石。

海星的食量很大，一只海星一天之内可以吃掉20多只牡蛎。

**** 海 星 ****
海底报告

海星五只腕甚至更多
二十四只腕也很灵活
海星家族品种广而博
有些海星发光如星火
想找海星不用四处去
大海每个区，都有海星居

答：不会。海星拥有再生能力，腕断掉后还会长出新的腕。

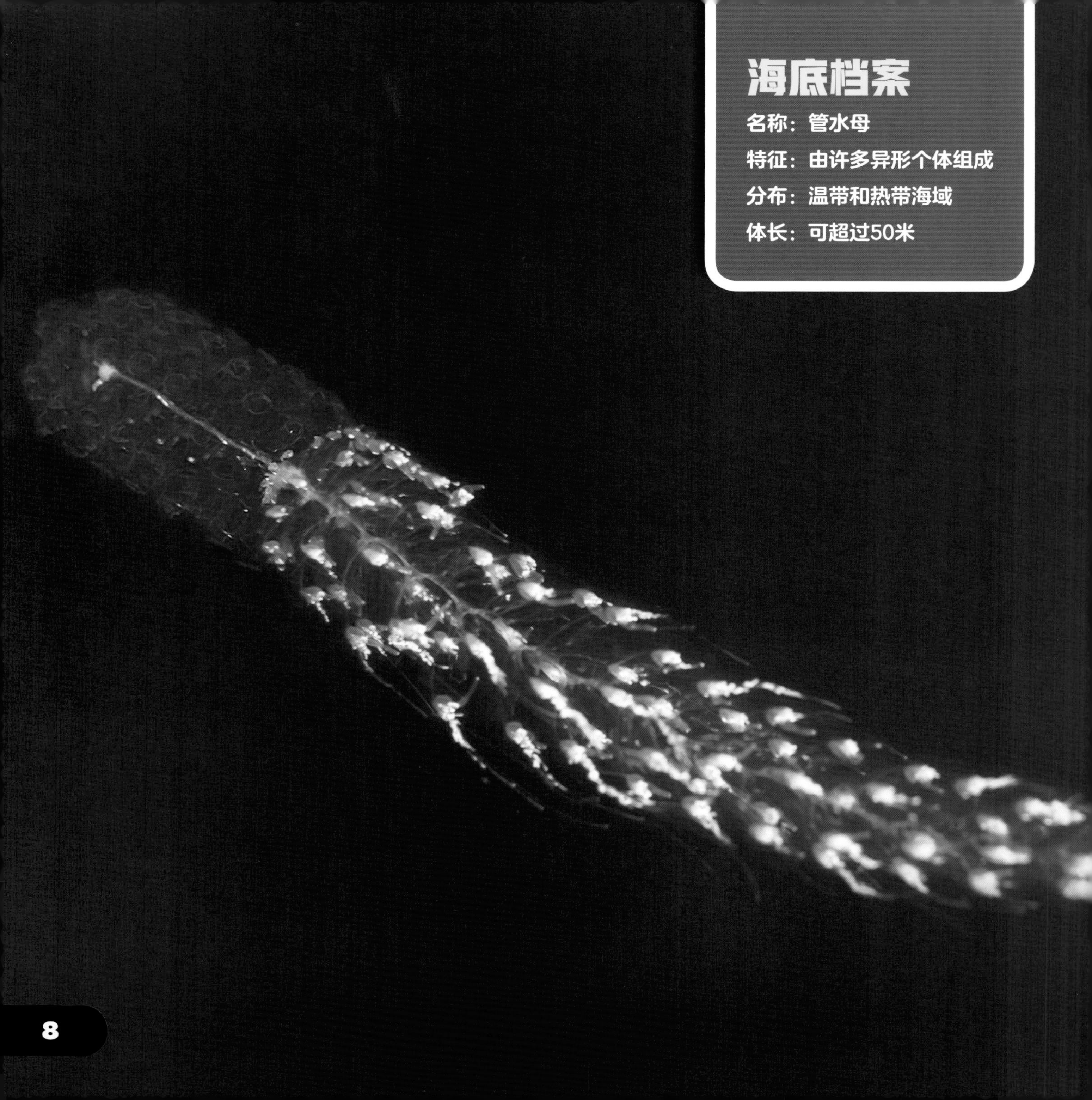

海底档案

名称：管水母

特征：由许多异形个体组成

分布：温带和热带海域

体长：可超过50米

深海彩灯
管水母

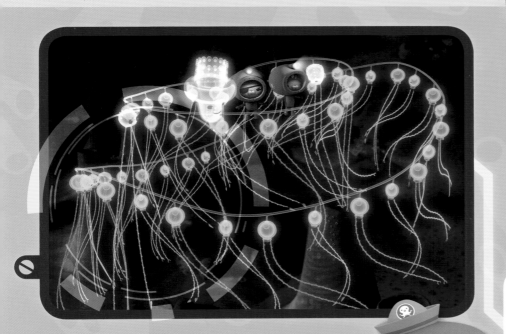

海底小纵队在午夜区遇到了一只管水母。它会发光，身体比蓝鲸还长。管水母十分神秘，人类对它们还不是很了解，因为它们一般生活在深海。

正因为管水母生活在深海，所以它习惯承受很大的压力。当它上浮时，身体承受的水压就会变小。如果它浮得太高，身体就会越胀越大，最后爆炸。

达西西：

"管水母好美，真想给它拍一张照片啊！"

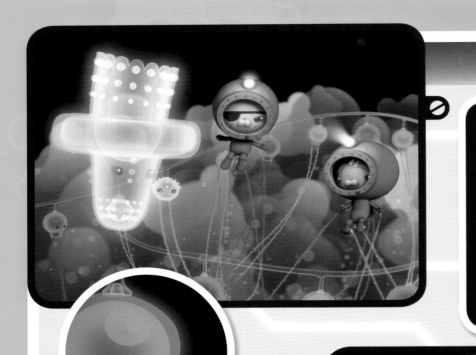

管水母虽然看上去像水母，但其实是一个包含水螅体及水母体的群落。它们聚结起来可以更好地保护自己免遭猎食者的捕食，应对环境压力。

组成管水母的个体就像它的各个器官，分别具有不同的功能。它就像一列火车，最前方的火车头负责推进，后方挂吊着的车厢分别负责生殖、捕食等等。

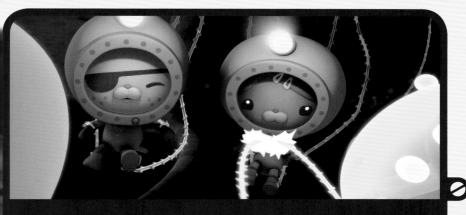

管水母是海洋中最残暴的掠食者之一。它通过发光，引诱猎物靠近。它还拥有能麻痹猎物的有毒触手，其中最有名的不定帕腊水母，其触手可达40~50米之长！

悄悄告诉你

管水母中相对常见的有僧帽水母和帆水母。

≫

管水母身体的一部分很有弹性，可以像弹簧一样伸展得相当长。

≫

管水母钟状的头下，连着一串胃和触手。每个胃都会利用触手自行觅食，但它们全部共用一条消化道。

＊＊＊＊ 管水母 ＊＊＊＊
海底报告

管水母的成员多
聚在一起好存活
闪闪亮亮吸引人
引诱猎物来被捉
管水母只能深海活
一生海底待，否则身体破

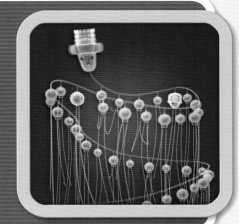

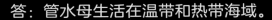
答：管水母生活在温带和热带海域。

海底档案

名称：隆头鹦哥鱼

特征：前额凸起

分布：印度洋、太平洋海域

食物：主食活珊瑚

头上长包的鱼
隆头鹦哥鱼

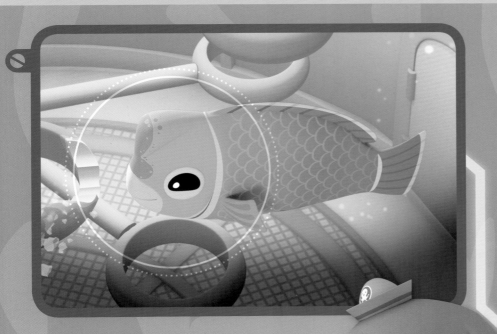

隆头鹦哥鱼属于鹦嘴鱼科，因为前额有一块夸张的凸起而得名。它们长相奇特，体形庞大，体长可达 1.3 米，体重可达 45 千克。

隆头鹦哥鱼上下各有一排坚硬又锋利的牙齿。这样的牙齿搭配特殊的颚骨、发达的肌肉，使得它能够把坚硬的珊瑚像饼干一样咬碎。

达西西：

"难怪隆头鹦哥鱼能把章鱼堡的发动机咬坏了！"

隆头鹦哥鱼以活珊瑚为主食，常常成群结队地一起进食。它们啃食珊瑚的声音很大，潜水的人在相当远的距离外都能够听到。

隆头鹦哥鱼的食量很大。一条成年隆头鹦哥鱼一年可以咀嚼 5 吨珊瑚骨骼，在所有啃食活珊瑚的鱼类中高居榜首。难怪它的体形那么大！

珊瑚中的珊瑚虫和藻类被消化之后，隆头鹦哥鱼会将已经被粉碎的珊瑚骨骼排泄回海里。这些珊瑚骨骼碎片就是白色沙滩的主要成份。

悄悄告诉你

隆头鹦哥鱼更倾向于吃那些长势比其他品种更好的珊瑚。

≫

隆头鹦哥鱼生性机警，在夜间有群体一起睡觉的习性。

≫

隆头鹦哥鱼非常害怕陌生的事物，所以游动时总是飘忽不定。

**** 隆头鹦哥鱼 ****
海底报告

隆头鹦哥鱼的嘴巴强
不管什么都想尝一尝
岩石珊瑚里面有营养
一口一块吃得心花放
牙齿特殊嘴中排
岩石吃进去，沙子拉出来

答：隆头鹦哥鱼喜爱的食物是活珊瑚！

海底档案

名称：海葵

本领：复制自己

分布：全球海域

共生物种：小丑鱼、

　　　　　寄居蟹等

神奇的分身术
海葵

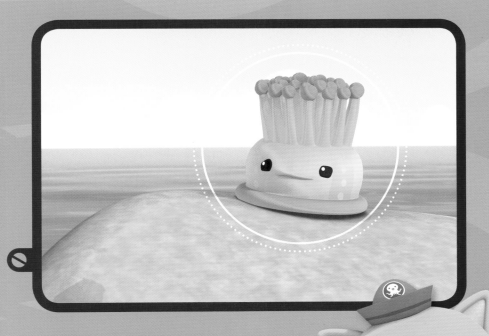

海葵外表像植物，但它们其实是捕食性动物。它们没有骨骼，常吸附在岩石和珊瑚上，或者固定在贝、蟹类的外壳上。它们可以很缓慢地移动。

海葵有一种神奇的本领——不断地自我复制。它们能通过自身细胞的分裂，用一个变两个，两个变四个的方式分裂出一个族群。

呱唧：

"那就是膨胀怪吗？明明是个小可爱嘛！"

17

当两个族群的海葵相遇时，它们会为了争夺生存空间而拼命地攻击对方。皮医生就曾成功制止了两群海葵间的一场大战。

海葵虽然看上去像无害的花朵，但其实它们的触手上长满了有毒的倒刺。暗藏杀机的倒刺一旦受到刺激，便迅速刺中对方并分泌毒液，将其麻痹。

海葵常与自己的同类争斗，但却能和某些动物和平相处，比如小丑鱼。它们这种关系属于共生关系，海葵保护了小丑鱼，小丑鱼为海葵引来食物，它们互惠互利，各得其所。

**** 海 葵 ****
海底报告

海葵最初个头小
一分为二本领高
它们不停来分裂
很快变成小山包
两队海葵面对面
打斗争夺领地，蜇得嗷嗷叫

悄悄告诉你

所有海葵，无论品种或大小，其触手数量总是6的倍数。

》

海葵的寿命远远超过海龟，是海洋里寿命最长的动物之一。

》

海葵的种类繁多，不同种类的海葵，其繁殖方式有很大区别。

答：它们之间是一种共生关系。

海底档案

名称：海豚

本领：回声定位

分布：全球海域

食物：鱼类和软体动物

海中智多星
海 豚

呱唧驾驶着虎鲨艇在海里畅游，一群海豚迎面而来。海豚是海洋中的长距离游泳冠军。它通常最快的速度在每小时 30~40 千米左右，并能维持很长时间。

海豚是智商很高的动物，它们喜欢一起玩耍、嬉戏，还会发明新游戏。科学家发现澳大利亚鲨鱼湾的一些海豚甚至会使用海绵来作为觅食工具。

巴克队长：

"小海豚，我们来玩游戏吧！"

海豚靠回声定位系统觅食、回避敌人和与同伴沟通。发射出声波的部位是它的前额，而接收声波的器官位于它的下颚骨。

每只海豚都有自己独特的叫声，海豚妈妈会通过声音来辨认自己的宝宝。海底小纵队曾录下了一只小海豚的叫声，帮它找到了妈妈。

问：海豚靠什么来与同伴联系呢？

作为哺乳动物，海豚有很多特征与人类相似。海豚妈妈一般要怀孕 11 个月，才会生下小海豚，初生的小海豚以妈妈的乳汁为食物。

悄悄告诉你

小海豚出生时，尾巴会先出来，这样可以避免小海豚溺水。

海豚用肺呼吸，所以它们每隔一段时间就得把头露出海面呼吸。

海豚跃出海面，在空中旋转是为了甩掉身上的寄生虫。

**** 海 豚 ****
# 海底报告
海豚喜欢游乐和玩耍
每天都能发明新玩法
见到什么都好奇
会用工具就像我和你
游戏永远不停息
喜欢的游戏，叫朋友一起

答：每只海豚都有自己独特的叫声，海豚正是靠叫声来与同伴联系。

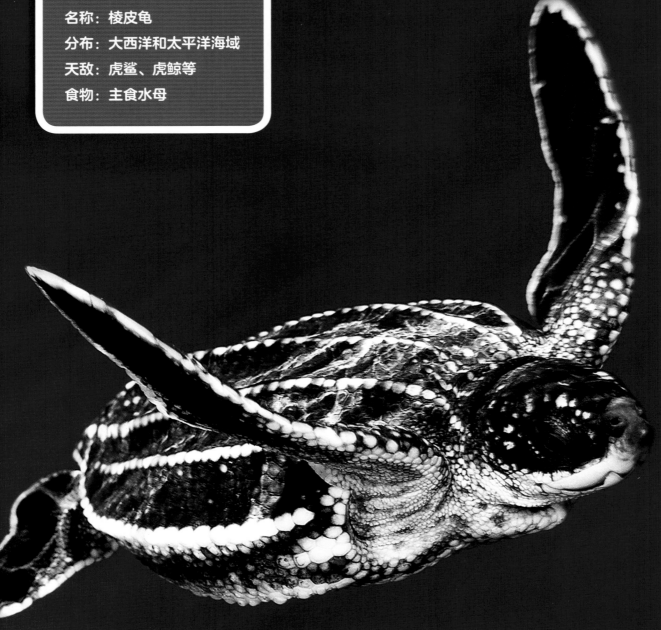

龟中之王
棱皮龟

突突兔的好朋友桑迪是一只棱皮龟。棱皮龟是世界上体形最大的龟类，迄今为止人类发现的最大的棱皮龟体长超过2.5米，重达916千克。

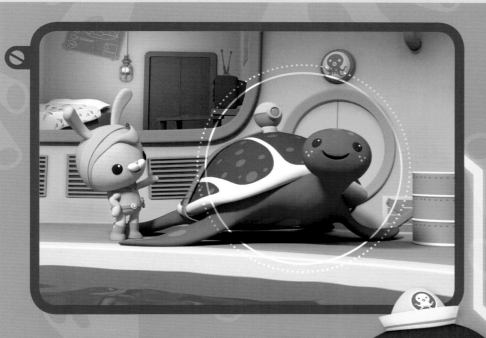

棱皮龟的四肢巨大，并且进化成桨状，前肢尤其发达，这种身材比例非常适合游泳。因此，棱皮龟是海中的游泳健将，时速可达35千米。

皮医生：

"棱皮龟可真厉害，它潜水也很棒呢！"

棱皮龟是海里游得最远的龟类，它们懂得借助洋流的力量前行。上个世纪，有人在中国长江口海域捕获了一只棱皮龟，而它身上的标记表明它还曾在万里之外的英国大西洋海域被捕获过。

棱皮龟拥有出色的体温调节能力。当水温很低时，它们能阻止血液流向鳍状肢，减少热量的流失。因此即使在寒冷的北极地区，它们也能生存。

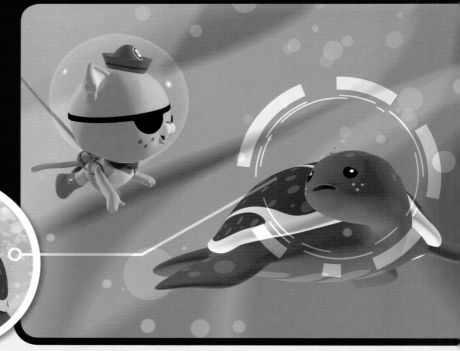

>>>>>海星问答区>>>>> 问：为什么棱皮龟能游得那么远呢？

棱皮龟大多时间都待在远离海岸的海域中，仅在产卵期雌性棱皮龟才会回到热带地区的海滩上产卵。棱皮龟产卵期比较长，全年均可进行，但主要集中在 5~6 月之间。

悄悄告诉你

科学家预言，棱皮龟可能会在 10~20 年之内灭绝。

⨠

棱皮龟视力不好，常把塑料袋误当成水母吞下肚子，超过一半的死海龟肚子里都有塑料。

⨠

雌性棱皮龟能沿近乎直线的路线进行迁徙。

**** 棱皮龟 ****
海底报告

棱皮龟儿跑得快
强壮的鳍离不开
搭乘水流去兜风
远洋旅行很轻松
棱皮龟产卵在沙滩
偶尔上岸只为这般

答：因为它们懂得借助洋流的力量前行。

海底档案

名称： 蜘蛛蟹

特征： 迁徙、蜕壳

寿命： 可达100年

分布： 美国阿拉斯加、
日本北海道等

世界上最大的蟹
蜘蛛蟹

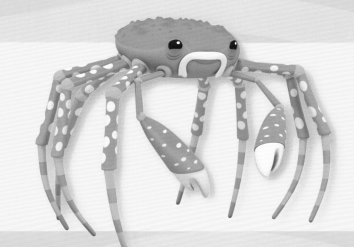

蜘蛛蟹因为八条腿特别长，外表形似蜘蛛，所以被称为蜘蛛蟹。蜘蛛蟹是世界上最大的螃蟹，连胆大的呱唧都曾被一只蜘蛛蟹给吓跑过。

蜘蛛蟹靠捕食鱼类为生。它身上的那对螯是所有蟹类中最长的，而且十分强劲。猎物一旦被它盯上，就很难逃脱其"魔掌"。

谢灵通：

"我的妈呀，这只蜘蛛蟹可真大啊！"

蜘蛛蟹一生中的绝大多数时间都在深海度过，但有时它们会爬到浅海的沙滩上。特别是在繁殖和蜕壳期间，它们会成群结队地爬到沙滩上。

蜘蛛蟹一生会经历多次蜕壳，蜕壳期间它们会变得极度虚弱。这一时期它们很容易受到其他捕食者的攻击，所以它们会一起行动来保护自己。

每次蜕壳前，蜘蛛蟹会喝很多海水，使自己膨胀起来，从而迫使旧壳破裂，方便新的躯体钻出来。蜕壳后，蜘蛛蟹的新壳比较脆弱，但会在一周内逐渐变硬，起到防护作用。

悄悄告诉你

海葵常寄居在蜘蛛蟹的外壳上。

≫

蜘蛛蟹体内有极其灵敏的感震器官，能分辨周围运动着的物体。

≫

世界上现存最大的蜘蛛蟹是生活在日本海域的甘氏巨螯蟹。

**** 蜘蛛蟹 ****
海底报告

蜘蛛蟹能活很久
一百岁也不到头
海里最大螃蟹就是它
想长多大就能有多大
两只钳臂能把食物抓
长着八条腿，蜘蛛蟹就是它

答：它们来到浅海的沙滩上是为了繁殖和蜕壳。

海底档案

名称：雀鲷

分布：热带海域

体长：大多在15厘米以内

食物：海藻、小型甲壳动物等

霸道的珊瑚鱼
雀鲷

雀鲷身体瘦小，如麻雀般大，所以被称为雀鲷。雀鲷颜色艳丽，极具观赏价值。无论种类还是数量，雀鲷都是热带珊瑚礁鱼类中最多的。

雀鲷活泼爱动，行动敏捷。它们总是成群地在珊瑚礁上游来游去。当天敌出现时，雀鲷就迅速钻进珊瑚丛中。危险过去，雀鲷又会钻出来。

突突兔：

"这些小家伙真擅长玩捉迷藏啊！"

33

夜幕降临后，成群的雀鲷会各自选择珊瑚的缝隙过夜。有趣的是，它们竟然能根据自己身体的大小选择"卧室"。有些雀鲷终生在珊瑚礁上繁衍生息。

雀鲷的胸鳍可以来回摇摆，就像船橹一样。这使得雀鲷能够更好地控制身体的姿态和前进的方向，让它们的行动更加灵活。

雀鲷警惕性高，领地意识和攻击性强。海底小纵队曾遇到一群蛮横的雀鲷，它们霸占了一片珊瑚礁，不让其他鱼类靠近，想要独占珊瑚礁上的海藻。

悄悄告诉你

因《海底总动员》而闻名世界的小丑鱼就是一种雀鲷。

≫

有些雀鲷能转变性别。当一群雀鲷中唯一的雄性死去时，其中一尾雌鱼会转变成雄性。

≫

雀鲷在我国主要分布于南海，部分生活在东海。

**** 雀 鲷 ****
海底报告

雀鲷最爱种海藻
保卫海藻警觉高
海藻太多或太密
病魔侵袭珊瑚礁
其他鱼儿来分享
珊瑚得健康，鱼儿吃得饱

答：雀鲷。

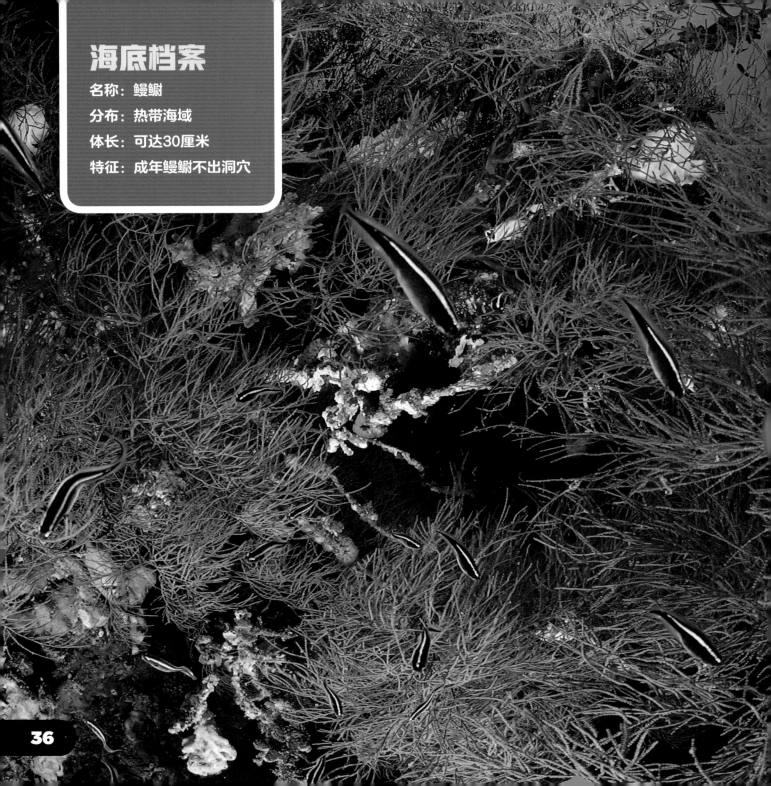

海底建筑师
鳗鳚

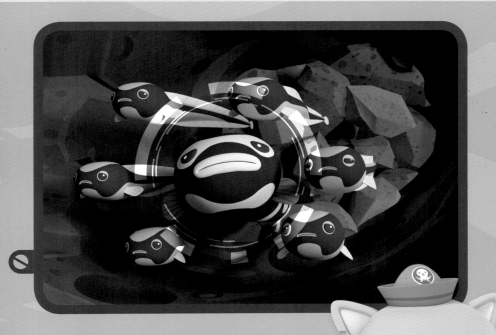

鳗鳚的特点是它们的身体一生都在变化。幼鱼期，一条白线水平贯穿它们的身体，随着年龄增长，那条白线会变成许多垂直的条纹。

鳗鳚生活在太平洋西南部的热带海域。它们是海底的建筑师，在海底制造了许多迷宫一样的通道，常藏身于洞穴或缝隙内。

呱唧：

"鳗鳚妈妈就是不愿意从洞里出来，真是伤脑筋。"

鳗鳚性情温和，行动迅速。幼年鳗鳚常常成群结队地活动。它们的身子细长而灵活，可以任意弯曲，甚至能钻入狭小的石缝里。

成年鳗鳚有一个非常神奇的特点，那就是它从不离开自己的洞穴。呱唧和小萝卜想用美味的鱼饼干把一只成年鳗鳚从洞里引出来，可它却不为所动！

>>>>>海星问答区>>>>>　　问：成年鳗鳚不出洞，怎么找吃的呢？

那成年鳗鳉的食物从何而来？答案是靠它的孩子们来提供！幼年鳗鳉不受洞穴束缚，它们会离开洞穴去寻找食物，然后返回洞穴，把食物带给成年鳗鳉吃。

悄悄告诉你

通常，幼年鳗鳉的颜色是黑中带蓝，而成年鳗鳉的颜色则大多是黑白相间的。

≫

鳗鳉主要分布在印度尼西亚及其附近海域。

≫

鳗鳉常生活在珊瑚礁附近。

**** 鳗 鳉 ****

海底报告

鳗鳉们在地下住
海床打洞真辛苦
住在洞穴很舒服
错综复杂很多路
成年鳗鳉不出洞
孩子们外出，去把食物捕

答：幼年鳗鳉离开洞穴，为成年鳗鳉寻找食物。

图书在版编目 (CIP) 数据

海底小纵队·海洋动物大探秘 . 海底明星 / 海豚传媒编 . -- 武汉：长江少年儿童出版社，2018.11
ISBN 978-7-5560-8690-0

Ⅰ. ①海… Ⅱ. ①海… Ⅲ. ①水生动物－海洋生物－儿童读物 Ⅳ. ① Q958.885.3-49

中国版本图书馆 CIP 数据核字 (2018) 第 156672 号

海底明星

海豚传媒 / 编

责任编辑 / 王　炯　　张玉洁　　谭　佩
装帧设计 / 刘芳苇　　美术编辑 / 熊灵杰
出版发行 / 长江少年儿童出版社
经　　销 / 全国新华书店
印　　刷 / 佛山市高明领航彩色印刷有限公司
开　　本 / 889×1194　1 / 20　2印张
版　　次 / 2022年2月第1版第3次印刷
书　　号 / ISBN 978-7-5560-8690-0
定　　价 / 15.90元

本故事由英国Vampire Squid Productions 有限公司出品的动画节目所衍生，OCTONAUTS动画由Meomi公司的原创故事改编。

策　　划 / 海豚传媒股份有限公司
网　　址 / www.dolphinmedia.cn　　　邮　　箱 / dolphinmedia@vip.163.com
阅读咨询热线 / 027-87391723　　　销售热线 / 027-87396822
海豚传媒常年法律顾问 / 湖北珞珈律师事务所　　王清　027-68754966-227